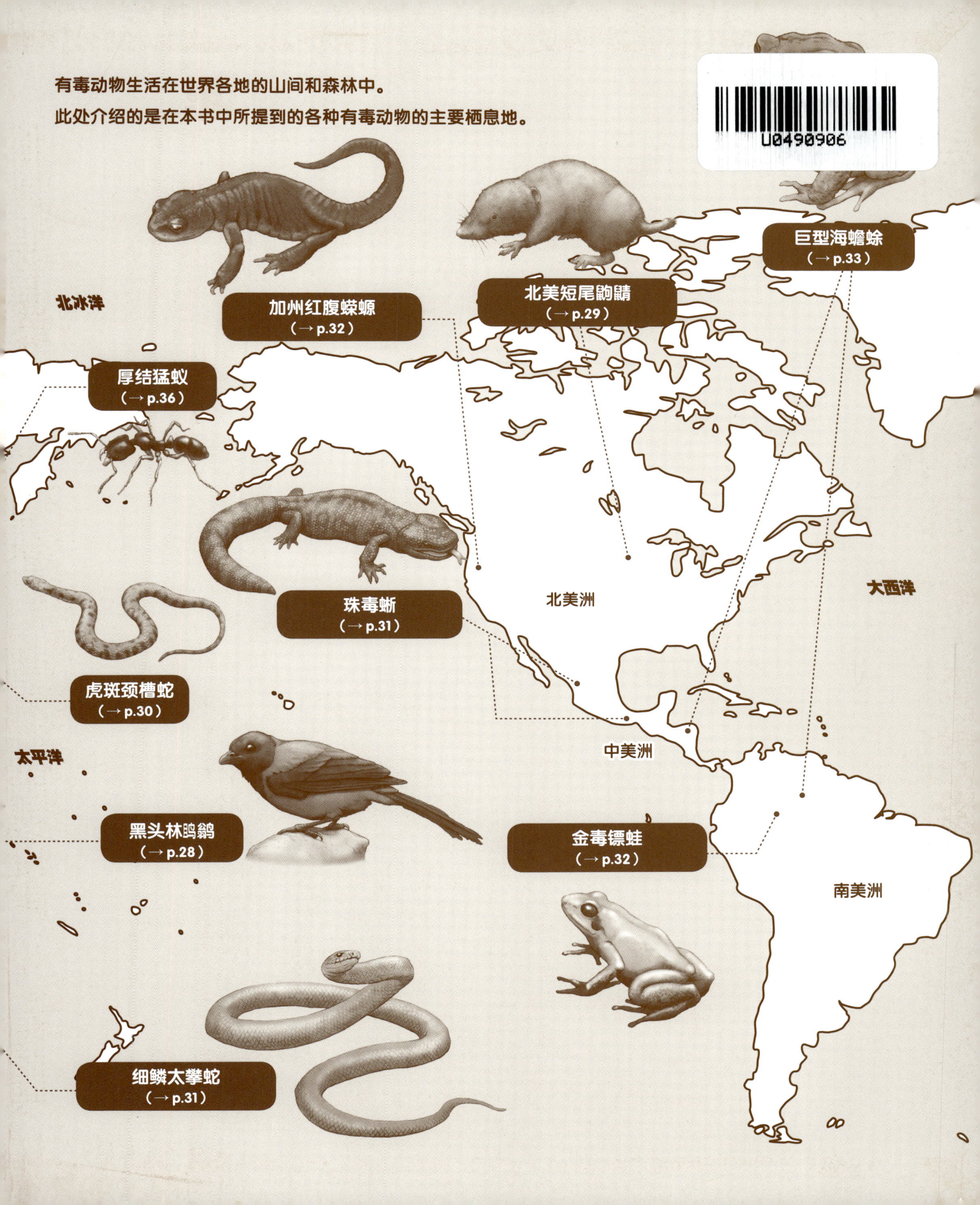

有毒动物生活在世界各地的山间和森林中。
此处介绍的是在本书中所提到的各种有毒动物的主要栖息地。

北冰洋

加州红腹蝾螈
（→ p.32）

北美短尾鼩鼱
（→ p.29）

巨型海蟾蜍
（→ p.33）

厚结猛蚁
（→ p.36）

珠毒蜥
（→ p.31）

北美洲

大西洋

虎斑颈槽蛇
（→ p.30）

太平洋

中美洲

黑头林鵙鹟
（→ p.28）

金毒镖蛙
（→ p.32）

南美洲

细鳞太攀蛇
（→ p.31）

当心!
奇趣动物小百科

藏在山里的有毒动物

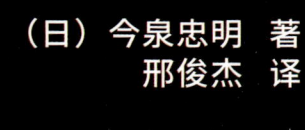

(日) 今泉忠明 著
邢俊杰 译

辽宁科学技术出版社
·沈阳·

前言
这才是有毒生物的本来面貌！

听起来就很可怕的"毒"到底是什么？

人们把能夺走人类性命、损害人类健康的一些物质称为"毒"。其实在自然界中，很多生物都有毒。比如说，你在山上和森林里摸了树枝或者树叶之后，会觉得手很痒。被蛇咬过之后，伤口会肿起来，严重的情况下甚至会死掉。另外，也有霉菌等微生物*毒素会通过嘴巴进入人体，让人类生病。我们把这类由动物、植物、微生物所产生的毒素称为生物毒素。

另外，在自然界中，从火山口处逸出的毒气，只要吸一口就能让人丧命。还有一些溶解在水中的矿物质也能使人中毒。

人们一直在研究自然界中存在的毒素，通过合成与其相同的化学成分制造出了人工毒素。人工毒素一般用在杀虫剂等产品的生产制造中，由此可见，有的"毒"对人类很有用呢！

*微生物：一个或者多个细胞形成的生物，体型微小，人类的肉眼无法直接看到。

为什么地球上会有有毒动物呢？

地球上有很多类似眼镜蛇、蝎子等能够用毒液杀死人类的剧毒动物。大家一定会惊恐地想"为什么会有这样的动物呢？"其实这些动物并不是为了伤害人类才使用毒素的哦！即使是带有剧毒的眼镜蛇也不会特意地去追赶和咬伤人类，它们是为了捕食野鼠等猎物，才进化出了可以将毒液注入猎物体内的毒牙。同样，蝎子等动物也是为了捕食猎物和抵御敌人才使用毒素的。这样看来，这些有毒动物能够产生毒素是不是一种非常了不起的进化呢？

毒素的种类

- **自然界中的毒素**
  - 植物的毒素
  - 动物的毒素

    带有毒素的动物包括哺乳动物、鸟类、爬行动物、两栖动物、鱼类、昆虫，以及蜘蛛和蝎子等。
  - 微生物的毒素
  - 矿物质的毒素
  - 有毒气体
- **人工合成的毒素**

生物毒素

毒素

毒蛇的毒液好厉害啊！其实是用来捕食猎物的。

奇趣动物小百科
当心！
藏在山里的有毒动物

目录

前言　这才是有毒生物的本来面貌！ ………………………………… 2

第1章　有毒动物在哪里？

了解有毒动物藏身的地方。

山中的有毒动物 ………………………………………………………… 6

森林中的有毒动物 ……………………………………………………… 10

热带雨林中的有毒动物 ………………………………………………… 12

沙漠中的有毒动物 ……………………………………………………… 14

第2章　毒素大揭秘

关于毒素的有趣知识都在这里！

生物的进化与毒素 ……………………………………………………… 16

为了生存而带有毒素的动物 …………………………………………… 18

有毒动物的各种武器 …………………………………………………… 20

有毒动物的用毒"绝招" ……………………………………………… 22

被有毒动物袭击了怎么办? …………………………………………… 24

用毒素制成的药物 ……………………………………………………… 26

第 3 章　有毒动物大集合

了解各种有毒动物。

有毒的哺乳动物和鸟类 …………………………………………………… 28

有毒的爬行动物 …………………………………………………………… 30

有毒的两栖动物 …………………………………………………………… 32

有毒的蝎子和蜘蛛 ………………………………………………………… 34

有毒的昆虫 ………………………………………………………………… 36

第3章 "有毒动物大集合"的阅读方法

插图
有毒动物的样子。

黑头林鵙鹟
分类：雀形目噪鹛科
分布：新几内亚（热带雨林）
全长：22-23cm

生活在热带雨林和红树林中，主要以果子为食。是一种体表带有剧毒的鸟类。科学家认为，它们皮肤和羽毛上的剧毒是一种化学防护物质，毒素来源可能是它们吃掉的有毒虫子和植物。

毒素强度：剧毒
毒素种类：神经毒素
武　　器：以羽毛为主
毒素用途：防御

名称
有毒动物的名字。

学名
专业领域中，国际通用的名称。

说明
介绍有毒动物的特征。

毒素的分类
☠（剧毒）表示能对人类产生巨大的危害，有时会导致人类死亡。
⚠（有毒）表示会造成人类疼痛或瘙痒。

毒素种类
表示毒素生效的方式。

武器
表示输出毒素的部位。

毒素用途
表示因为什么而使用毒素。

分类
表示动物的分类。

分布
表示主要的栖息地和环境。

全长/体长（cm）
表示身体大小。全长是指从嘴巴的最前端到尾巴的最末端（或者是身体的最末端）的长度。体长是指全长减去尾巴的长度。

5

第1章 有毒动物在哪里？

山中的有毒动物

山中栖息着各种有毒的爬行动物和昆虫。

☠ 隐藏在山中的有毒动物

中国很多地区四季分明，山中情况也随着季节的不同有很大变化。在冬天，即使是有毒动物有些也会休眠过冬，到了温暖的春天再出来频繁活动，在山边的森林中，一边躲避天敌和人类，一边狩猎。

在溪流岸边的树木下面、岩石之间和草丛中，也许藏着带有剧毒的虎斑颈槽蛇。也可能有带毒的昆虫，比如在腐烂的树木上筑巢的厚

温馨提示：插图中动物的全长和体长、生活范围等详细信息在第3章进行说明。

这里有虎斑颈槽蛇、厚结猛蚁和茶毛虫的幼虫哦！找找看，在本书的哪一页还能再见到它们？会有关于它们的详细介绍噢！

结猛蚁。这种蚂蚁基本上没有攻击过人类。但是如果贸然将这种蚂蚁放在手上，它可能会为了保护自己而用毒针刺你！

在日本气候较温暖地区的矮山树林中，生长着野山茶树。仔细观察这些树，就能发现茶毛虫的幼虫整齐地排列在叶子上。这些茶毛虫身体上的毛是有毒的，人接触后皮肤会红肿、痛痒。

在澳大利亚的山中，潜伏着有毒的哺乳动物和公认最厉害的毒蛇之一。

这里有鸭嘴兽和细鳞太攀蛇哦！

澳洲大陆上的有毒动物

澳大利亚处在太平洋和印度洋之间，降水量特别少，气候非常干燥。正因如此，沙漠荒原和草原大约占了整个大陆面积的2/3。在澳大利亚的北部，年降水量相对较多，气温也比较高，因此生长着大片郁郁葱葱的热带森林。此外，澳大利亚的东部沿海地区地处温带，一年之中，随着季节不同气温和降水量也不一样，森林和树林比较多。

在澳大利亚的东部和塔斯马尼亚岛的水边生活着鸭嘴兽，鸭嘴兽是极少数用毒液自卫的哺乳动物之一。这里的山林中和草丛中潜藏着细鳞太攀蛇，这种蛇毒性非常强，是澳大利亚最大的毒蛇。

森林中的有毒动物

在森林中,潜伏着黄绿原矛头蝮等有毒动物。

这里有斯氏鞭蝎、澳链尾蝎、红腹蝾螈和黄绿原矛头蝮哦！

☠ 潜藏在温暖森林中的有毒动物

　　一些岛屿四季变化较小，即使在冬季，气温低于10℃的日子也极其少见。春夏秋3个季节中，岛上气候都处于闷热的状态，绿叶植物在这里茂盛地生长着。地面上落叶堆积，降雨之后，从树上滴落的雨水都汇入了溪流中。

　　在这样的森林中潜伏着各种有毒动物。在倒伏的树木下面和岩石之间的缝隙中，隐藏着斯氏鞭蝎和澳链尾蝎的身影。在水洼和溪流里可能还有红腹蝾螈畅游其中。在草丛中还潜伏着有剧毒的黄绿原矛头蝮。黄绿原矛头蝮非常擅长爬树，会攻击从鸟巢中探出头的小鸟。如果它们偶然与人类相遇，也会出于保护自己的本能而攻击人类。所以人类在进入森林的时候不光要注意脚下，还要注意树上和草木繁茂的地方，避免发生危险。

热带雨林中的有毒动物

在热带雨林中，潜藏着能让你大吃一惊的有毒动物。

扫码领取
- 有毒动物图鉴
- 动画科普课堂
- 意外伤害处理
- 纪录片推荐

有"隐身术"的剧毒动物和高调显眼的有毒动物

在中美洲到南美洲北部的地区，一年之中降水量很大，气温也非常高，适于植物生长，形成了大片的热带雨林。这里的树木种类特别多，在100m²的范围内大约生长着150种不同的树木。不同种类的树木高度也各不相同，其中有些树木能长到30~50m。太阳光被高的树木挡住，基本没有办法到达地面。

在这样的环境中，有毒动物生活在落叶、树荫以及地面上的洞穴中。枯叶蟾蜍的外表非常像树叶，不论藏在哪里都很难被发现。巨型海蟾蜍也同样拥有和周围环境一样的体色，不容易被发现。这样的"隐身术"帮助它们更好地保护自己。而金毒镖蛙正相反，它的颜色十分显眼，仿佛在向外界宣示："别惹我，我可是很厉害的！"

> 这里有枯叶蟾蜍、巨型海蟾蜍和金毒镖蛙哦！

沙漠中的有毒动物

在沙漠中栖息着看起来像恐龙一样的有毒动物。

☠ 生活在干旱环境中的有毒动物

一年之中沙漠地区基本没有什么降雨。在沙漠中,全年的气温都很高,白天有强烈的日光照射,除了一些有地下水涌出的地方有绿洲之外,基本上没有植物,沙石覆盖的荒地十分辽阔。但是,在有少量降雨的地区,有一些比较矮小的植物生长,比如叶子像针一样尖的仙人掌。

这里有亚利桑那沙漠金蝎和墨西哥金背哦！

在这样严酷的环境中，也能见到有毒动物的身影。北美洲西南部有大面积的沙漠，这里潜藏着亚利桑那沙漠金蝎和墨西哥金背。另外，在北美洲和中美洲的沙漠中，还栖息着长得很像恐龙的珠毒蜥。

第2章 毒素大揭秘

生物的进化与毒素

你敢相信吗？我们日常生活中必不可少的氧气，对于很久很久以前地球上的生物来讲，竟然是剧毒。

某些原核生物和叠层石在吸收二氧化碳的同时释放氧气。还有随着氧气增加而消失的厌氧生物。

太阳　二氧化碳　光　氧气　厌氧生物　海洋　蓝细菌　叠层石

35亿年前—27亿年前

☠ 好氧生物与厌氧生物

大约35亿年前，海洋中出现了最初的生物——原核生物。那个时候地球的海水中溶解了生成生命最基本的物质——氨基酸，氨基酸合成了蛋白质，一般认为正是在蛋白质生成之后诞生了原核生物。在这些原核生物中出现了蓝细菌。当时的地球大气中没有氧气，蓝细菌将太阳光作为能量，吸收二氧化碳，将产生的氧气作为废物排出。正是由于蓝细菌的出现，使整个地球从无氧状态发展到有氧状态。之后，蓝细菌在靠近海岸的海域层层堆积，形成了像椭圆形石头一样的叠层石。

随着蓝细菌的繁殖，大气中的氧气开始增

图解

左图（约20亿年前）：
- 氧气
- 真核生物
- 进化
- 海底热泉
- 厌氧生物

在厌氧生物中出现了真核生物，它们靠吸收氧气来获取能量。

右图（约10亿年前）：
- 太阳
- 光
- 二氧化碳
- 氧气
- 二氧化碳
- 氧气
- 光合作用
- 呼吸作用（异化作用）
- 海洋
- 藻类

藻类在白天进行光合作用，释放氧气。同时也通过呼吸作用吸收氧气，释放二氧化碳。

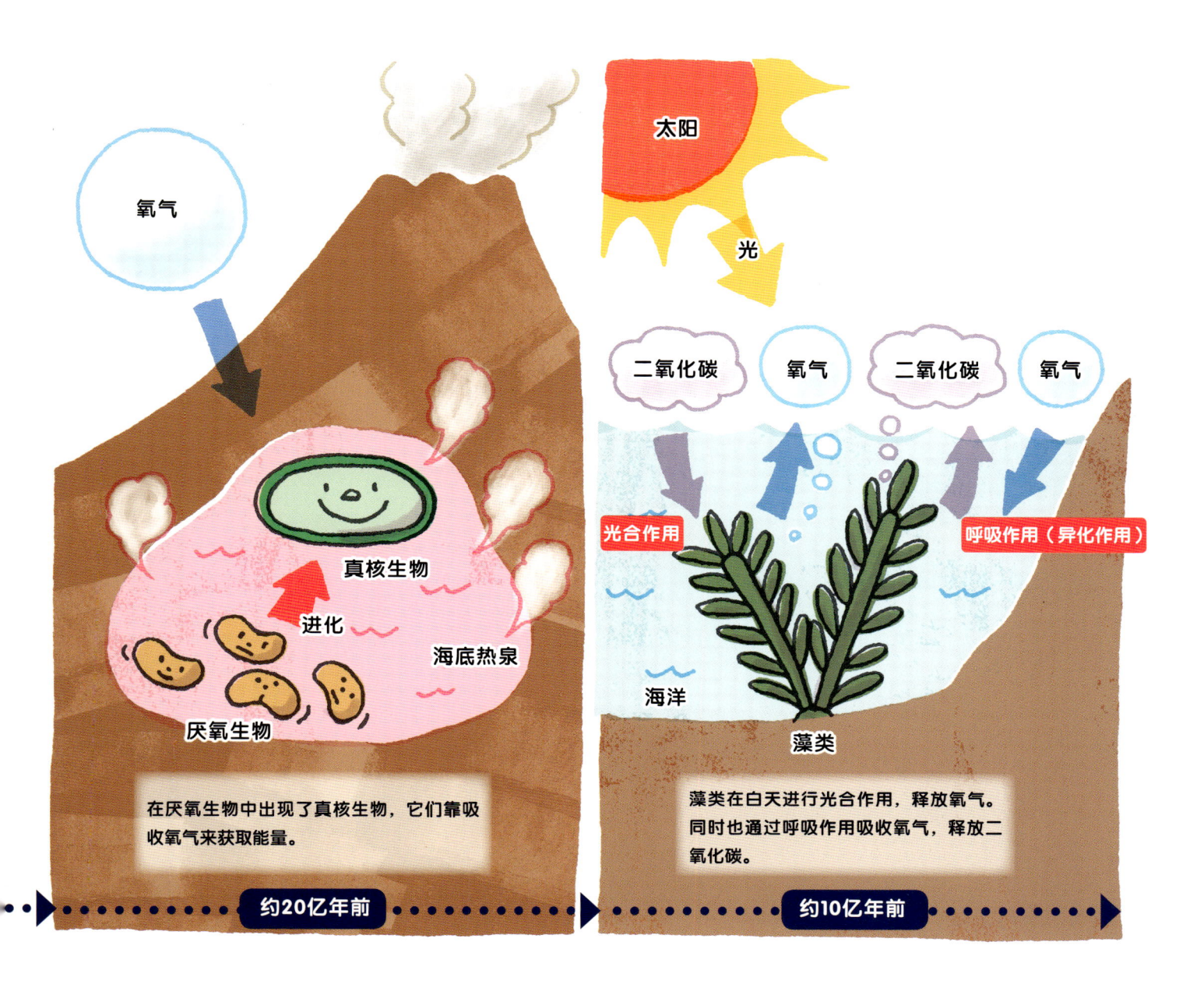

多，对于那时候的生物来说，氧气是剧毒。因为氧气会破坏它们身体中的蛋白质。因此，很多生物都灭亡了。而其中一部分生物为了避开氧气，逃到了海底热泉中。像这样把氧气视作毒素的生物被称作厌氧生物。

直到约20亿年前，厌氧生物中进化出了真核生物。真核生物将本是毒素的氧气转化成了能量。后来，有一部分真核生物将栖息地转移到了海水中，这样就诞生了能同时进行光合作用的生物。大约10亿年前生长的藻类就是这样的生物，之后又进一步进化成了陆地上的植物。

为了生存而带有毒素的动物

在带有毒素的动物中，一部分是为了捕食其他动物而使用毒素，还有一些是为了抵御敌人而使用毒素。

蛋白质对动物的功效

蛙类

蛋白质 → 氨基酸

猫 ← 毒素

猫吃掉蛙，蛙的蛋白质在猫的体内就变成了毒素。

蛇

蛋白质

在蛇类中，有的毒素不会产生中毒的效果，反而成为体内的养分（蛋白质）。

蛋白质和氨基酸等营养成分是组成身体的原料。但是，同样的蛋白质对于有些动物来说可能就是毒素。

☠ 毒素的成分和用途

动物为了生存，在吸收氧气的同时，还会吸收食物中富含的营养成分和水。动物将吃掉的食物用唾液等将其转化成容易吸收的状态，供体内的肠胃消化吸收。在被消化的食物的营养成分中，蛋白质是组成身体的重要原料。这样一来，动物就可以捕捉其他动物然后将其吃掉（捕食），以此来摄取足够的营养成分，维持生命。蛋白质进入其他动物体内之后，如果没有变成营养成分，反而会产生危害，就可以被称为毒素了。

实际上，大部分动物带有的毒素都是由蛋白质和氨基酸等组成的。有毒动物可以通过使用毒素来降低被吃掉的风险。这类动物被吃过一次之后，如果捕食者发现它是有毒的，那么下次就不会吃这种动物了。这样一来，对整个群体就形成了一种保护，有利于物种繁衍。

毒素用途

捕食

毒蛇

毒蛇的毒液一方面是为了麻痹猎物，另一方面是为了帮助消化吃进去的猎物（p.20）。

猎物（蛙类等）

黑头林鵙鹟是为了抵御天敌的攻击而使用毒素的。毒素还能预防虱子等的寄生。

黑头林鵙鹟

虱子

敌人（鹰和鹫）

防御

攻击

雄性鸭嘴兽，在后脚尖刺上带有毒素。雄性在争夺雌性的时候会使用后肢的尖刺攻击对方。

鸭嘴兽（两只都是雄性）

　　鱼类、两栖动物、爬行动物、昆虫、蝎子和蜘蛛等动物之中有很多都带有毒素。这些动物大多为了捕食而使用毒素。但是，哺乳动物和鸟类很少带有毒素。一般来讲，哺乳动物和鸟类要比鱼类和爬行动物拥有更高的智商，更容易捕捉到猎物。另外，在遭遇天敌时，它们可以很快地逃走或飞走，所以它们大多不需要依靠毒素来谋生。在哺乳动物中，也有少数是有毒的，比如鸭嘴兽（→p.29）和间蜂猴（→p.28）。这些动物在捕捉猎物、保护自身（防御），以及进行攻击的时候使用毒素。此外，热带鸟类黑头林鵙鹟（→p.28）在防御时也会使用毒素。

有毒动物的各种武器

有毒动物的武器五花八门。除了尖牙和毒针，能分泌毒液的皮肤也是武器之一！

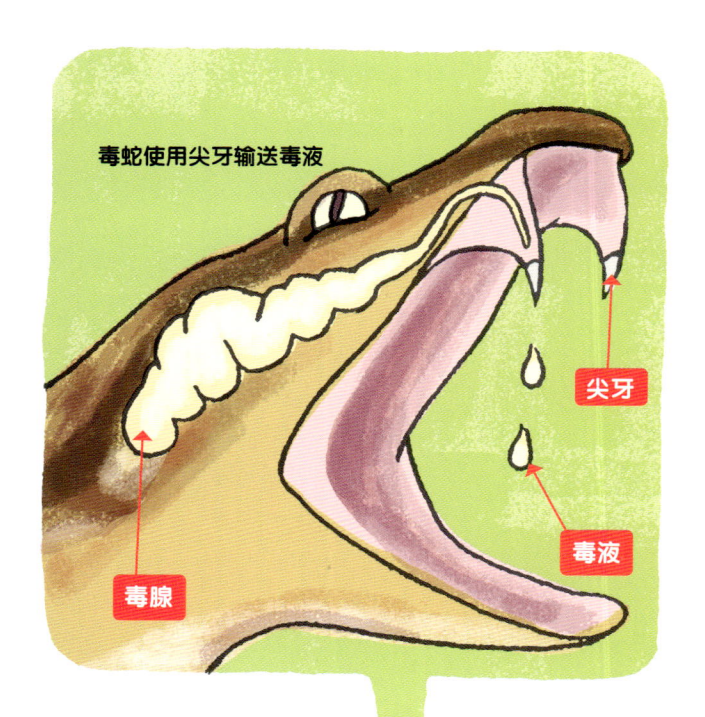

毒蛇使用尖牙输送毒液

尖牙

毒液

毒腺

毒蛇的毒腺是由原本用来制造唾液的唾液腺演化而来的。

黄绿原矛头蝮栖息在山里、森林里和平原上。全长100~240cm。是夜行动物，捕食老鼠和鸟类。

☠ 尖牙、毒针、皮肤都可以释放毒液

毒蛇最厉害的武器就是可以释放毒液的毒牙。一旦咬住猎物，尖牙的顶端就会释放出毒液，注入对方的体内。有毒的蜥蜴也会从尖牙释放毒液。而有毒的蝎子，则会用尾巴上的毒针来向猎物输送毒液。

不同种类的动物，制造毒素和储存毒素的部位也各不相同。比如说，黄绿原矛头蝮和虎斑颈槽蛇（→p.30—31）等毒蛇，在脸颊上有一个像袋子一样用来储存毒液的毒腺，那里长有一根细细的管道，可以把毒液输送到尖牙。蝎子的毒腺则长在尾部隆起的地方，用来储存毒液。

大部分制造毒液的地方，原来都是有其他功能的。比如毒蛇的毒液原本就只是用来消化猎物的唾液而已。然而，在长时间的进化过程中，演变为可以致猎物于死地的毒液。

有些蛙类全身的皮肤都可以释放毒液。一般来说，像蛙这样的两栖动物大部分都是无法在干燥环境中长期生存的，它们基本上都生活在水中。个别种类不同的蛙为了保持身体的湿润，能

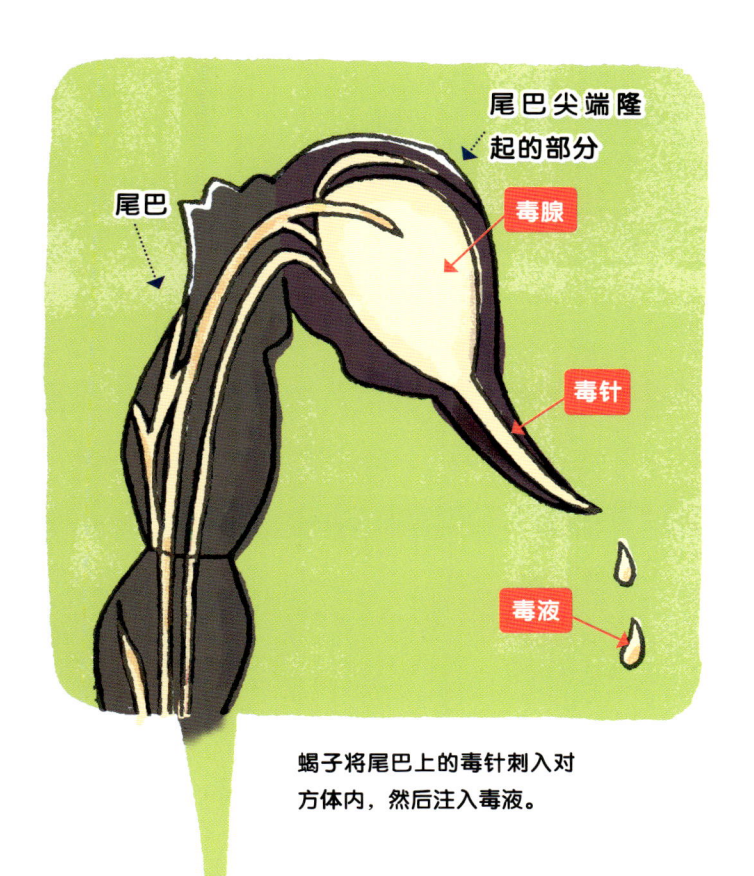

尾巴尖端隆起的部分

毒腺

尾巴

毒针

毒液

蝎子将尾巴上的毒针刺入对方体内，然后注入毒液。

毒腺

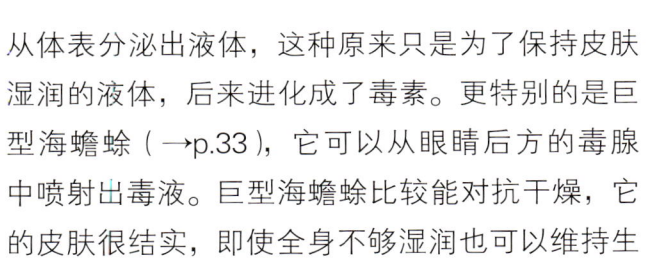

毒液

巨型海蟾蜍会从眼睛后方的毒腺释放毒液。

从体表分泌出液体，这种原来只是为了保持皮肤湿润的液体，后来进化成了毒素。更特别的是巨型海蟾蜍（→p.33），它可以从眼睛后方的毒腺中喷射出毒液。巨型海蟾蜍比较能对抗干燥，它的皮肤很结实，即使全身不够湿润也可以维持生命，因此它的毒腺长在眼睛的后方，而不是全身皮肤上。

有毒动物的用毒"绝招"

有毒动物为了熟练使用毒素，使出了各种各样的"绝招"，一起来看看吧！

热感应器官

将毒液注入瞄准的猎物体内

黄绿原矛头蝮为夜行性动物，在咬住老鼠和小鸟等猎物的时候会将毒素注入它们的体内。

☠ 用来捕食和防御的用毒"绝招"

毒蛇可以说是最擅长用毒捕获猎物的动物！即使在很黑的地方，也能靠感知猎物的体温来靠近对方，等距离足够近时，就会发起攻击，迅速捕捉到猎物。毒蛇一张开嘴巴，尖牙就会自动立起来。尖牙能够刺入猎物的身体，然后将毒液注入猎物体内。这些动作都发生在一瞬间！另外，如果被咬过的猎物逃走了，毒蛇也能根据猎物的气味和体温进行追捕。黄绿原矛头蝮的眼睛和鼻子之间有可以感知动物体温的热感应器官，可以根据体温追踪猎物，直到追上中毒的猎物，悠闲地将其吞掉。

除了捕食之外，毒素也是保护自己的有效物

将毒素涂满全身

毒腺

间蜂猴在理毛的时候会把毒液涂满全身。但到目前为止，它们舔到自己身体上的毒素却不受影响的原因依然不得而知。

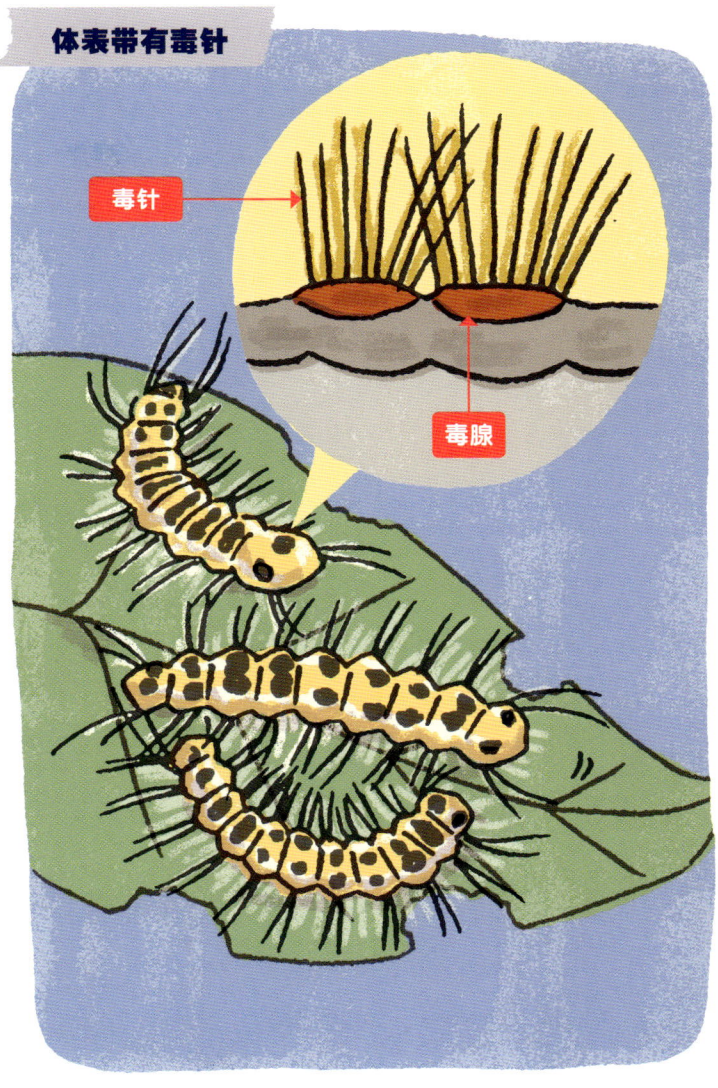

体表带有毒针

毒针

毒腺

茶毛虫的幼虫身体上有带毒素的针。毒针有长有短，即使人们穿着衣服也会被刺中。毒针的根部与毒腺相连。

质。间蜂猴的手臂内侧可以分泌毒液，它们将这种毒液涂在身体上以防止害虫寄生。茶毛虫的幼虫（→p.37）身上长着带有毒素的针，可以刺中敌人，危急时刻还可以将毒针刺射出。虎斑颈槽蛇（→p.30），除了长有用于捕获猎物的毒牙之外，还有用于防御的颈背部腺体，如果被敌人紧紧地咬住，它可以从头的附近射出毒液。而且骨头的一部分能够穿破皮肤，刺中敌人；骨头的前端带有毒素，可以将毒素注入对方体内。更神奇的是，皮肤上被骨头刺开的小洞最后会自行闭合。

23

被有毒动物袭击了怎么办？

如果被有毒动物袭击了，身体会有什么反应呢？

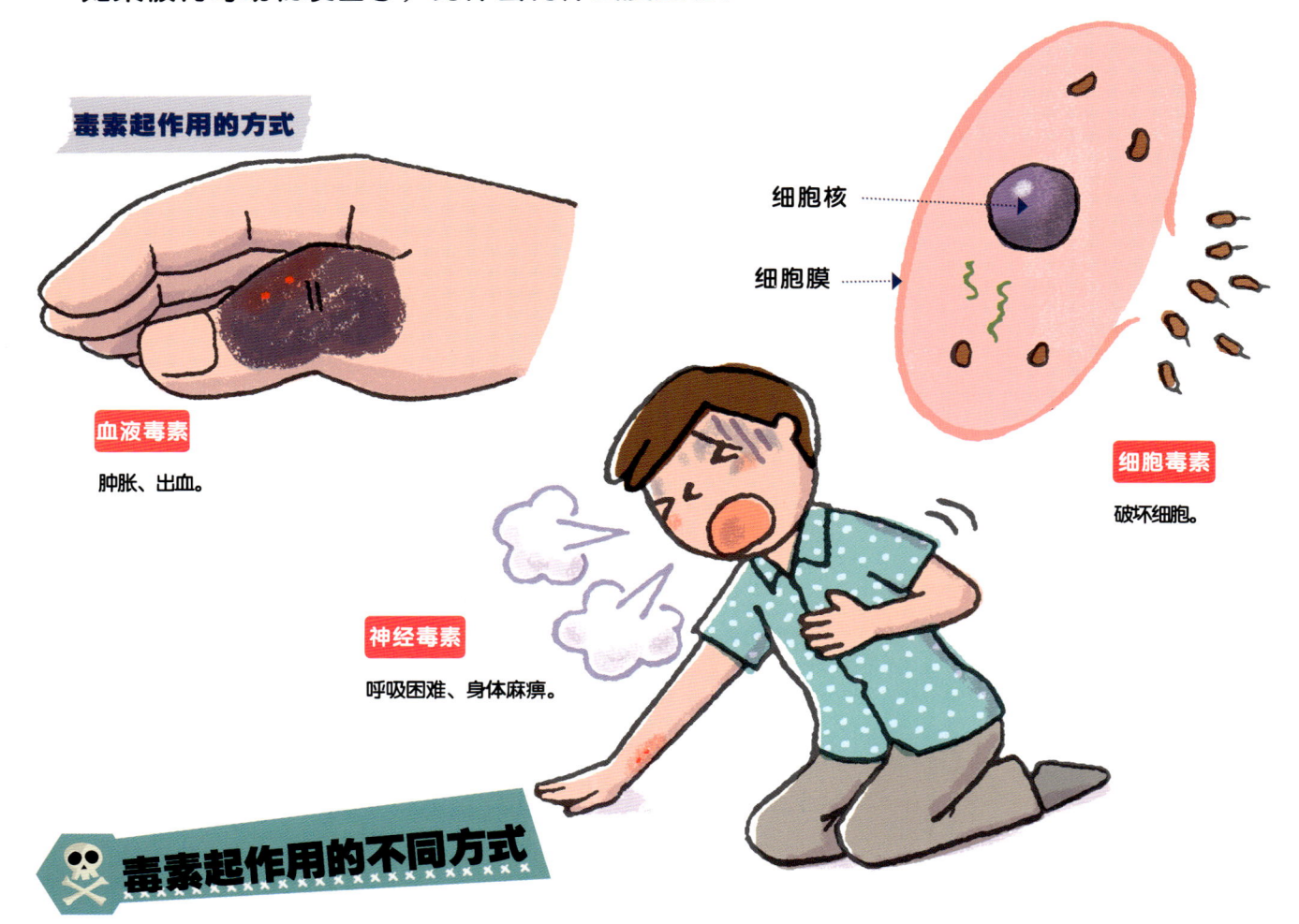

毒素起作用的方式

血液毒素
肿胀、出血。

神经毒素
呼吸困难、身体麻痹。

细胞核
细胞膜

细胞毒素
破坏细胞。

☠ 毒素起作用的不同方式

　　根据对身体产生强烈作用的部位，毒素大致分为血液毒素、神经毒素和细胞毒素（溶血毒素）三大类。血液毒素会阻碍血液的凝固，并且会破坏血管壁。

　　黄绿原矛头蝮的毒素为血液毒素，被咬的地方会肿起来，并且非常痛。神经毒素是阻碍神经工作、麻痹肌肉的一种毒素，可以抑制呼吸和心跳，导致死亡。神经毒素中也可能含有血液毒素。细胞毒素可以破坏包裹细胞的薄膜（细胞膜），红细胞、白细胞与血小板也会被破坏。

　　除了这3种毒素，还有由各种毒素混合在一起的复合毒素和会导致红肿、瘙痒的炎症毒素。

预防与处理的方法

在山里和森林里行走的时候，我们要穿上长袖上衣、长裤，戴上帽子，来保护我们的身体。由于可能会被带有毒素的虫子蜇咬，所以要带上针管和涂抹类药物*。如果在山林里遇见了毒蛇，那么要尽量保持在离毒蛇30cm以上的距离。万一被毒蛇咬了，一定要保持镇定尽快去医院就医。医院有可以缓解毒素反应的抗血清（→p.26），需要立即进行注射。到医院后，请告诉医生是被什么种类的毒蛇咬了。因为不同的毒蛇，蛇毒成分也有差异，所以医生要根据毒蛇的种类来选取相应的抗血清。另外，使用针管将毒素吸出的方法对类似被蜜蜂蜇伤这种情况比较有效，对于被毒蛇咬伤的情况作用较小。

在山里和森林里行走时的服装

- 帽子
- 手杖
- 长袖
- 长裤

急救用品：针管、涂抹类药物

如果被蛇咬

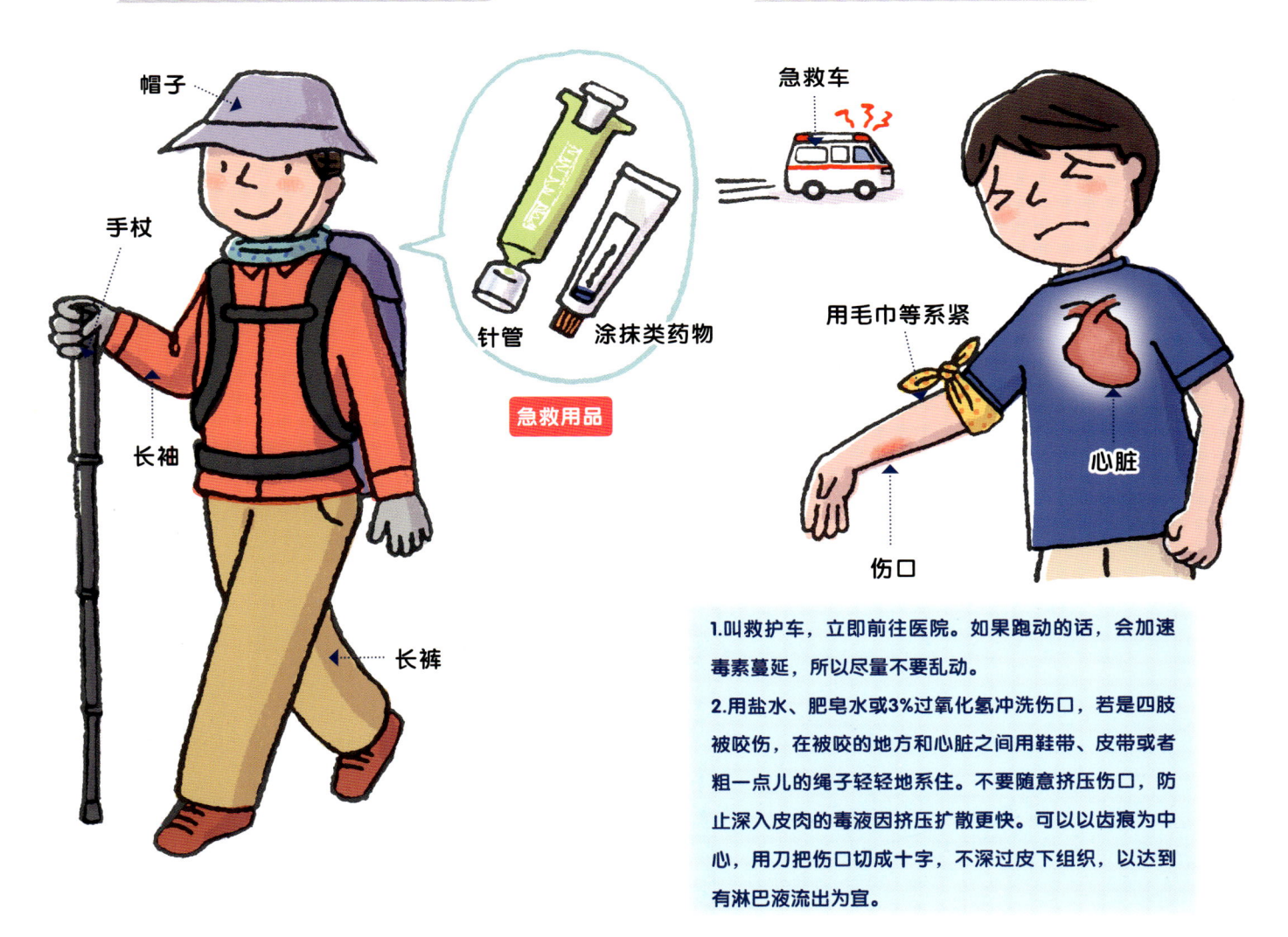

- 急救车
- 用毛巾等系紧
- 心脏
- 伤口

1. 叫救护车，立即前往医院。如果跑动的话，会加速毒素蔓延，所以尽量不要乱动。
2. 用盐水、肥皂水或3%过氧化氢冲洗伤口，若是四肢被咬伤，在被咬的地方和心脏之间用鞋带、皮带或者粗一点儿的绳子轻轻地系住。不要随意挤压伤口，防止深入皮肉的毒液因挤压扩散更快。可以以齿痕为中心，用刀把伤口切成十字，不深过皮下组织，以达到有淋巴液流出为宜。

用毒素制成的药物

人们一直在研究利用有毒动物的毒素来制成对人类健康和生活有帮助的产品。

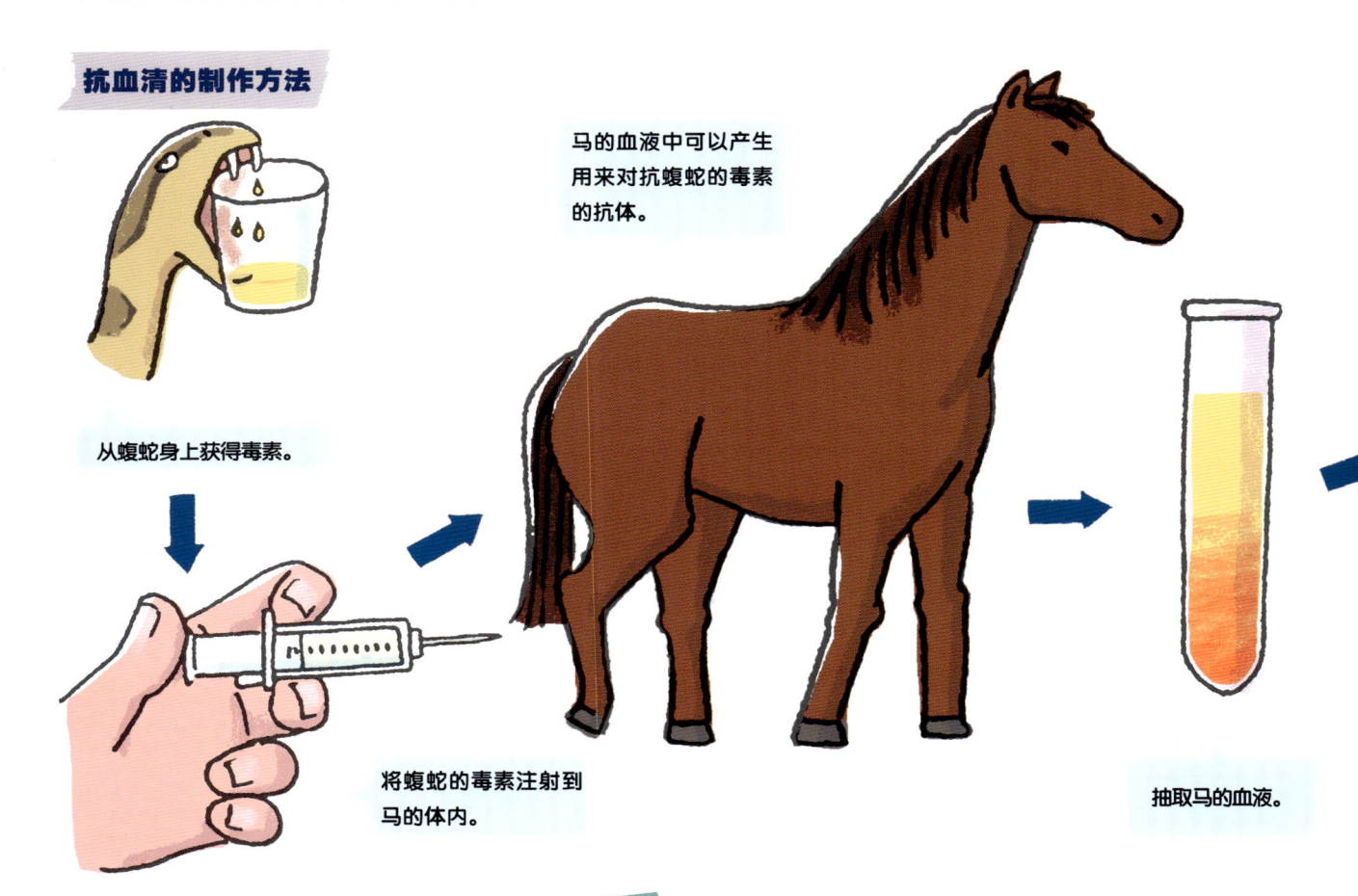

抗血清的制作方法

从蝮蛇身上获得毒素。

将蝮蛇的毒素注射到马的体内。

马的血液中可以产生用来对抗蝮蛇的毒素的抗体。

抽取马的血液。

☠ 用蛇的毒素制造出来的抗血清

人们一直在研究将动物毒素制成对人类健康和生活有帮助的产品。比如说,在被蝮蛇等毒蛇咬伤后,有一种治疗方法就是血清疗法。蝮蛇的毒素中含有很多蛋白酶,可以破坏血液中的红细胞。红细胞承担着运送氧的任务,如果红细胞减少,那么就会导致氧的输送不足(贫血)。所谓血清疗法就是要制造出让毒素失效的抗体,然后将含有这种抗体成分的抗血清注射到患者的体内进行治疗的方法。抗体是一种仅针对某种毒素(抗原)的攻击进行反应的蛋白质,是由生物体制造出的抗血清。

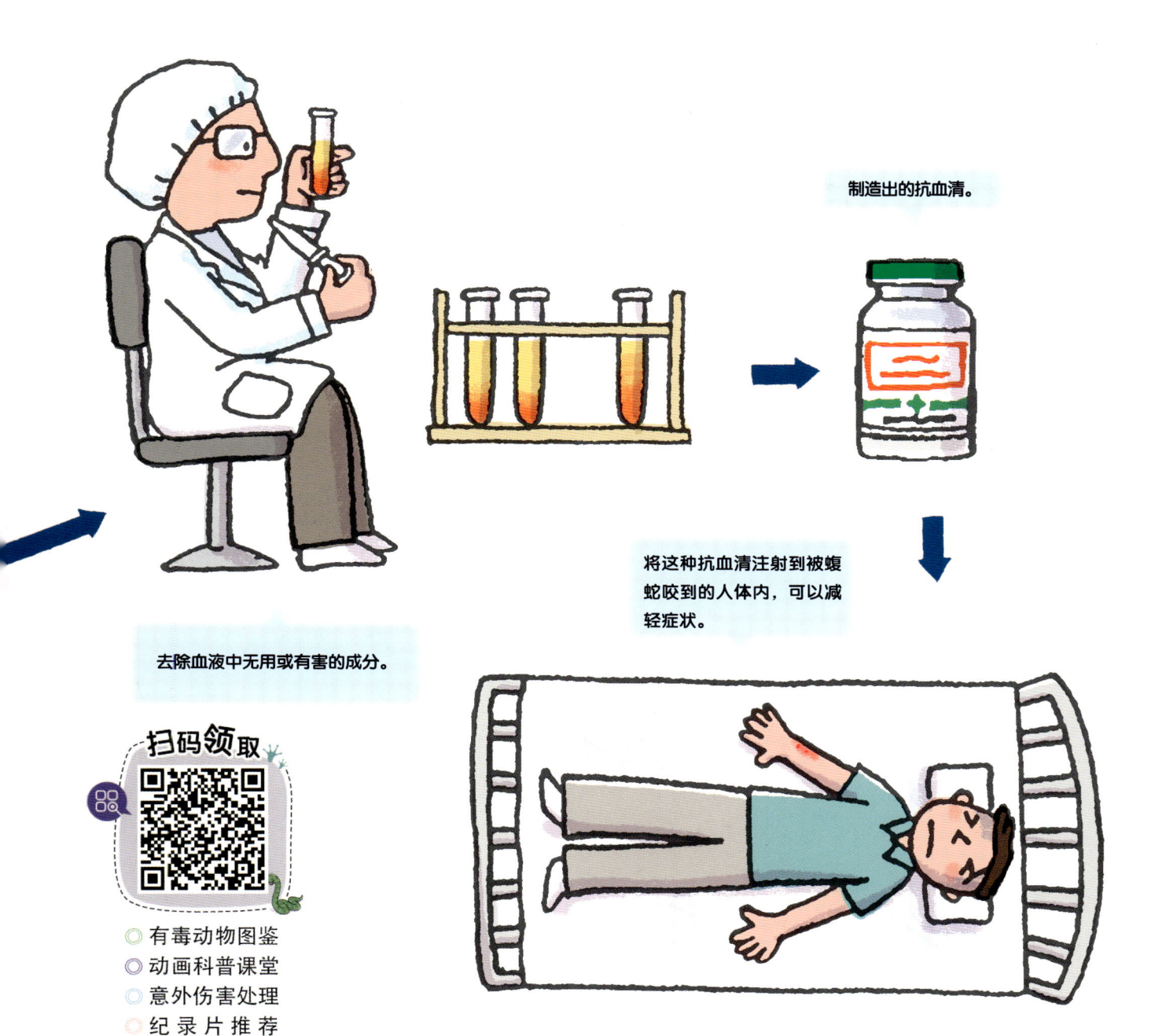

去除血液中无用或有害的成分。

将这种抗血清注射到被蝮蛇咬到的人体内，可以减轻症状。

扫码领取

- 有毒动物图鉴
- 动画科普课堂
- 意外伤害处理
- 纪录片推荐

中浆细胞产生的。

为了制造出含有针对蝮蛇毒素抗体的抗血清，首先会将蝮蛇的毒素取出来，少量多次地注入马等实验动物的体内，这样它们的血液中会产生针对蝮蛇毒素的抗体。将这种抗体从马的血液中提取出来，毒素确认安全性后就可以制造出对抗蝮蛇毒素的抗血清了。将这种抗血清注射到被蝮蛇咬到的人体内，可以降低蝮蛇毒素所造成的伤害，减轻症状。

第3章 有毒动物大集合

有毒的哺乳动物和鸟类

在哺乳动物与鸟类中，很少有带有毒素的。在鸟类中，只有黑头林䴗鹟带有毒素。

黑头林䴗鹟

分类：雀形目啸鹟科

分布：新几内亚（热带雨林）

全长：22~23cm

生活在热带雨林和红树林中，主要以果子为食。是一种体表带有剧毒的鸟类。科学家认为，它们皮肤和羽毛上的剧毒是一种化学防护物质，毒素来源可能是它们吃掉的有毒虫子和植物。

☠ 毒素强度：剧毒
毒素种类：神经毒素
武　　器：以羽毛为主
毒素用途：防御

⚠ 毒素强度：有毒
毒素种类：复合毒素
武　　器：小臂内侧
毒素用途：防御

间蜂猴

分类：灵长目懒猴科

分布：东南亚（热带雨林）、中国广西和云南

体长：26~38cm

食物为树汁、花蜜和昆虫等。小臂内侧长有毒腺，会用手将毒液涂满全身。间蜂猴的毒素对节肢动物的作用更大，可以预防寄生虫。接触上这种毒素之后，一小时之内大部分昆虫都会死亡，但是对于人类来说基本没有什么作用。

⚠️ 毒素强度：有毒
毒素种类：神经毒素
武　　器：牙齿根部
毒素用途：捕食

海地沟齿鼩

分类：鼩形目沟齿鼩科

分布：中美洲、海地岛

体长：40~53cm

　　主要在地面上活动，有时也会爬上树木。为夜行性动物，依靠嗅觉来搜寻昆虫等猎物。捕食时，它们先用前爪按住猎物，然后咬住猎物释放唾液中的毒素，中毒后的猎物就会失去反抗能力。但它们的毒素相对较弱，对于体型稍大的动物基本没有什么效果。

⚠️ 毒素强度：有毒
毒素种类：复合毒素
武　　器：后爪的爪尖
毒素用途：攻击、抵御天敌

鸭嘴兽

分类：单孔目鸭嘴兽科

分布：澳大利亚、塔斯马尼亚岛（森林的水边）

体长：40~60cm

　　栖息在湖泊、沼泽、河流等地方的岸边，在河堤的泥土中建造巢穴。早晚活动，潜入水中，捕食甲壳类、昆虫和鱼类。8—10月为繁殖期。雄性相遇会发生争斗，会用后肢的尖刺戳刺对方。毒性很强，可以毒死狗，但是还没有致人死亡的案例。

☠ 毒素强度：剧毒
毒素种类：神经毒素
武　　器：牙齿的根部
毒素用途：捕食

北美短尾鼩鼱

分类：食虫目鼩鼱科

分布：北美洲（森林和草原）

体长：9~11cm

　　喜欢潮湿和植被茂密的地方，在泥土中挖隧道并生活在里面。行动迅速，最喜欢的食物是鼩鱼，也捕食蚯蚓、昆虫和蜗牛等。咬住猎物时，会通过下颌上的门牙（最前面的牙）的齿沟将毒素注入猎物体内。北美短尾鼩鼱的毒液具有很强的毒性，像兔子等这类比北美短尾鼩鼱大的动物都不是它的对手。

29

有毒的爬行动物

在爬行动物中，蛇和蜥蜴等动物会带有毒素。带有毒素的蛇有450~750种之多，而带有毒素的蜥蜴只有2种。

眼镜王蛇

分类：有鳞目眼镜蛇科

分布：印度、东南亚、中国南部（山中的森林等）

全长：360~460cm

眼镜王蛇会捕食蟒蛇和银环蛇等其他种类的蛇。雌性会筑巢产卵，并一直在巢中守护卵，直到卵孵化完成。当人靠近时，眼镜王蛇会将头部上扬，并展开脖子的部分，发出"咝咝"的声音来恐吓对方。这时头部高度可以达到1m。

☠ 毒素强度：剧毒
毒素种类：神经毒素
武　　器：尖牙
毒素用途：捕食、防御

☠ 毒素强度：剧毒
毒素种类：主要为血液毒素
武　　器：尖牙
毒素用途：捕食、防御

毒腺

虎斑颈槽蛇

分类：有鳞目游蛇科

分布：中国、日本

全长：约100 cm

最喜欢的食物是蟾蜍。由于蟾蜍的皮肤中带有毒素，虎斑颈槽蛇进食过程中会摄取蟾蜍的毒素，这些毒素都会累积到其上颌达氏腺中。在进行防御的时候虎斑颈槽蛇会咬住对方，因为毒腺和毒牙没有导管，所以达氏腺分泌的毒液会通过咬破的皮肤进入对方体内。另外，毒液也会从虎斑颈槽蛇背部的腺体中释放出来。现在，可以对抗虎斑颈槽蛇毒素的抗血清正在研发中。

珠毒蜥

分类：蜥蜴目毒蜥科

分布：北美洲、中美洲（沙漠和树林等）

全长：50~10cm

　　主要生活在墨西哥的沙漠和树林中。早晚活动，白天都在地面上树木根部的洞穴中度过。主要在地面上活动，但有时也会爬到树上。主要以鸟蛋、雏鸟、昆虫、蜥蜴和老鼠为食，有时也以蛇和蛇卵为食。在捕到猎物的时候，会不停地咬猎物，通过毒牙将毒素注入对方体内。带有毒素的蜥蜴除了珠毒蜥以外还有钝尾毒蜥。

毒素强度：剧毒
毒素种类：主要为神经毒素
武　　器：下颌上的尖牙
毒素用途：捕食

毒素强度：剧毒
毒素种类：主要为血液毒素
武　　器：尖牙
毒素用途：捕食、防御

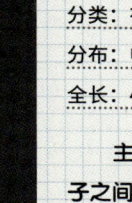

黄绿原矛头蝮

分类：有鳞目蝰蛇科

分布：中国、日本、朝鲜半岛等

全长：40~60cm

　　主要在夜间活动，即使在黑暗之中，也可以使用眼睛和鼻子之间的热感应器官来确定猎物的位置进行攻击。最喜欢的食物是野鼠，但也会捕食蜥蜴和蛙类等。在下颌处有储存毒素的毒腺，所以会鼓起来，因此，它的头看起来是三角形的。

细鳞太攀蛇

分类：有鳞目眼镜蛇科

分布：大洋洲中部

全长：180~250cm

毒素强度：剧毒
毒素种类：神经毒素
武　　器：尖牙
毒素用途：捕食

　　生活在干燥地区的树林和草丛中。为昼行性动物，但是夜晚也会出来活动。使用尖牙来捕食小型动物。行动特别敏捷，速度很快，一次攻击可以咬中好几个地方。它的毒液是世界上毒性最强的，据说仅仅 1mg 的毒液就可以杀死 1000 只老鼠。人被咬后，15~30 分钟内会因呼吸衰竭而死亡。

31

有毒的两栖动物

有毒的两栖动物大多从皮肤释放毒素。

毒素强度：剧毒
毒素种类：神经毒素
武　　器：皮肤
毒素用途：防御

金毒镖蛙

分类：新蛙亚目箭毒蛙科

分布：南美洲（热带雨林）

体长：5~6cm

生活在阴暗潮湿的森林和树林中，以带有毒素的蚂蚁和虱子等为食。金毒镖蛙的皮肤可以释放毒性很强的毒素。一般认为这些毒素的形成原因是金毒镖蛙将其所吃的那些蚂蚁和虱子等的毒素储存在了体内。它的体表颜色非常显眼，这是为了警告敌人不要靠近。

毒素强度：剧毒
毒素种类：神经毒素
武　　器：皮肤
毒素用途：防御

加州红腹蝾螈

分类：有尾目蝾螈科

分布：北美洲（森林和草原）

全长：12~20cm

生活在森林和湿润的草原上。大部分时间会在陆地上走来走去，主要以小型昆虫、蜘蛛、小型两栖动物和两栖动物的卵为食。但是在12月至翌年5月的这段时间里，会潜入水中，在水草和石头等的阴影里产下5~30颗卵。这些卵也是有毒的。

☠️ 毒素强度：剧毒
毒素种类：神经毒素
武　　器：皮肤
毒素用途：防御

巨型海蟾蜍

分类：无尾目蟾蜍科
分布：中美洲、南美洲（热带）
体长：10~22cm

　　生活在热带的森林和草原上。主要在夜间活动，在炎热的中午会躲在草丛茂盛的地方和洞穴中。主要以昆虫为食，有时也会捕食小型的蛙类、蛇和老鼠等。释放毒素是为了保护自己，当攻击敌人时会从眼睛后面的毒腺中释放毒素。

枯叶蟾蜍

分类：无尾目蟾蜍科
分布：中美洲、南美洲（热带雨林）
体长：4.0~7.6cm

　　生活在森林的地面上。一般在白天活动，在地面上来回爬行或者维持伏击的状态。以昆虫和蚯蚓为食。身体的形状和干枯的树叶很像，非常不显眼。但是一旦被蛇和鸟等天敌攻击，从皮肤上分泌出来的毒素就起到防御作用啦！

⚠️ 毒素强度：有毒
毒素种类：复合毒素
武　　器：皮肤
毒素用途：防御

红腹蝾螈

分类：有尾目蝾螈科
分布：中国、日本
全长：8~13cm

　　生活在沼泽和河流的水洼及周围。一般会从水中爬出，潜藏在水边的树林和湿润的枯草下面。主要以昆虫和蚯蚓为食。被人类捉住时，会从皮肤中释放毒素来自卫，如果沾上它的毒素，只要清洗干净就可以了。

⚠️ 毒素强度：有毒
毒素种类：神经毒素
武　　器：肌肉、内脏
毒素用途：防御

有毒的蝎子和蜘蛛

毒蝎子大多靠尾尖上的毒针释放毒素，毒蜘蛛则主要靠尖牙释放毒素。

以色列金蝎

分类：蝎目钳蝎科

分布：北非、中东

全长：3.5~11.5cm

　　白天主要潜藏在岩石的阴影处和茂密的草丛中。多在傍晚的时候活动，主要以蝗虫和蟋蟀等为食。此时可以用尾部的毒针将毒液注入猎物的体内。毒性极强，即使很少的量也能致猎物于死地。

- 尾部
- 毒针

毒素强度：剧毒
毒素种类：主要为神经毒素
武　　器：尾部毒针
毒素用途：捕食

毒素强度：有毒
毒素种类：神经毒素
武　　器：尖牙、腹部的毛
毒素用途：捕食、防御

- 腹部

墨西哥金背

分类：蜘蛛目捕鸟蛛科

分布：北美洲（沙漠）

体长：4~6cm

　　主要生活在长有仙人掌的沙漠中。在夏季炎热有雨的日子里活动，冬天安静地躲在地面的洞穴和岩石下面。以小型蜥蜴和老鼠为食，在捕食过程中会使用尖牙。其腹部生长的毛也有毒，在保护自己的时候会用腹部的毛刺向敌人。

斯氏鞭蝎

毒素强度：有毒
毒素种类：炎症毒素
武　　器：腹部底端
毒素用途：防御

分类：蛛形纲有鞭目鞭蝎科

分布：日本

全长：4~5cm

　　潜藏在森林中倒伏的树木下、岩石下等地方。一般在夜晚活动，以昆虫和蚯蚓等为食。长有像鞭子一样细长的尾巴，尾部是没有毒针的。捕捉猎物的时候不会使用毒素，而是使用钳子。斯氏鞭蝎在保护自己的时候才会从腹部的底端（肛门腺）释放毒液。人类在触碰了这种毒液之后，皮肤会呈现出烧伤般的状态。

钳子

肛门腺

澳链尾蝎

毒素强度：有毒
毒素种类：神经毒素
武　　器：尾部毒针
毒素用途：捕食

分类：蝎目链尾蝎科

分布：东南亚、澳大利亚、日本

全长：3~4cm

毒素强度：有毒
毒素种类：神经毒素
武　　器：尾部毒针
毒素用途：捕食

　　潜藏在森林和草原中倒伏的枯树裂缝中。澳链尾蝎会为了捕捉藏在腐烂树木中的白蚁而使用尾部的毒针，为了不让白蚁逃脱会用毒素将其麻痹后进食。由于是小型蝎，它的毒素对于人类来说基本没有什么作用。

亚利桑那沙漠金蝎

分类：蝎目毛蝎科

分布：北美洲（沙漠）

全长：约14cm

　　是北美洲体型最大的蝎子。栖息在沙漠中，能挖出 2.5m 深的隧道，并在里面生活。主要在夜间活动，蝗虫等昆虫、蜘蛛和小型蜥蜴等都是它的主要食物。一般认为，通过体表的毛可以感受猎物的动作（震动）。但是毒性并没有那么强烈，人类接触后有时会导致过敏，被刺中的话，会痛很长时间。

35

有毒的昆虫

不同种类的昆虫释放毒素的部位不一样。

☠ 毒素强度：剧毒
毒素种类：复合毒素
武　　器：腹部底端的毒针
毒素用途：攻击、防御

非洲蜜蜂

分类：膜翅目蜜蜂科

分布：南非、南美洲、北美洲等（森林和草原等）

全长：约1.2cm

　　又被称为"杀人蜂"。具有很强的攻击性，会成群地对人类和家畜进行攻击。人被刺中会导致死亡。本来仅在南非生活，后来被人类带到了埃及。之后，生存的范围逐渐扩大，现在，亚马孙热带雨林及北美洲也是它们的栖息地。

腹部底端的毒针

厚结猛蚁

分类：膜翅目蚁科

分布：日本

全长：约0.4cm

　　栖息在森林中，一般以昆虫和虫卵为食。人被刺中后，疼痛会持续一段时间，但比被蜜蜂等昆虫刺伤后疼痛的时间短，基本不会留下疤痕。但对其毒素过敏的人来说，被厚结猛蚁刺伤后会产生血压急剧下降的状况，有可能导致死亡，十分危险，一定要多加小心。

☠ 毒素强度：剧毒
毒素种类：炎症毒素
武　　器：腹部底端的毒针
毒素用途：捕食

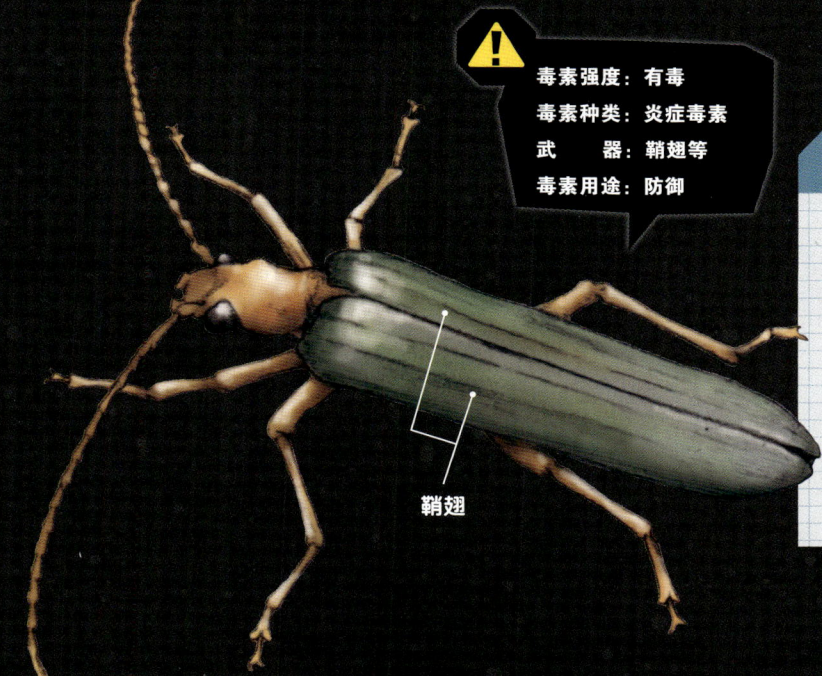

- 毒素强度：有毒
- 毒素种类：炎症毒素
- 武　　器：鞘翅等
- 毒素用途：防御

沃黄拟天牛

分类：鞘翅目拟天牛科

分布：日本、朝鲜半岛等（山、森林等）

全长：1~1.6cm

　　沃黄拟天牛的幼虫住在森林中腐烂树木的洞中，食用腐烂的树木来成长。长为成虫后开始吸食花蜜等。毒素基本由鞘翅的表面释放，使用毒素主要是为了保护自己。

鞘翅

仰泳蝽

分类：半翅目仰泳蝽科

分布：日本

全长：1~1.4cm

　　生活在池塘和沼泽等地方，在水中游动时背部朝下。遇见小鱼和蝌蚪时会用脚捉住，然后用嘴上的毒针刺中猎物，吸出猎物体内的血液和营养成分。人被仰泳蝽刺中时，会感觉像被蜜蜂蜇了一样。

- 毒素强度：有毒
- 毒素种类：神经毒素
- 武　　器：刺吸式口器
- 毒素用途：捕食

茶毛虫（幼虫）

分类：鳞翅目毒蛾科

分布：中国（茶区）

全长：1.2~1.8cm

　　茶毛虫的成虫秋天时会在野山茶、山茶、茶树等植物的叶子反面产卵。卵越冬后，在4—6月孵化出幼虫。大约20只幼虫横向排列在叶子上，并以叶子为食。这个时期，如果有人触碰叶子的话，幼虫会振动身体用身体表面的毒毛反击。如果被刺中手或者脸部的话，皮肤会红肿、痛痒。

- 毒素强度：有毒
- 毒素种类：炎症毒素
- 武　　器：身体表面的毛
- 毒素用途：防御

特约审校：张春丽

気をつけろ！猛毒生物大図鑑①山や森などにすむ　猛毒生物のひみつ
By 今泉忠明

"MOUDOKU SEIBUTSU DAIZUKAN"
copyright©2015 Tadaaki Imaizumi and g-Grape.Co.,Ltd.
Original Japanese edition published by Minervashobou Co.,Ltd.

© 2023 辽宁科学技术出版社。
著作权合同登记号：第06-2017-129号。

版权所有·翻印必究

图书在版编目（CIP）数据

藏在山里的有毒动物 /（日）今泉忠明著；邢俊杰译. —沈阳：辽宁科学技术出版社，2023.4
（奇趣动物小百科）
ISBN 978-7-5591-2736-5

Ⅰ.①藏… Ⅱ.①今… ②邢… Ⅲ.①有毒动物–儿童读物 Ⅳ.①Q95-49

中国版本图书馆CIP数据核字(2022)第162962号

出版发行：辽宁科学技术出版社
　　　　　（地址：沈阳市和平区十一纬路25号　邮编：110003）
印　刷　者：深圳市福圣印刷有限公司
经　销　者：各地新华书店
幅面尺寸：210mm×260mm
印　　张：2.75
字　　数：80千字
出版时间：2023 年 4 月第 1 版
印刷时间：2023 年 4 月第 1 次印刷
责任编辑：姜　璐　马　航
封面设计：许琳娜
版式设计：许琳娜
责任校对：闻　洋

书　　号：ISBN 978-7-5591-2736-5
定　　价：45.00元

投稿热线：024-23284365
邮购热线：024-23284502
E - m a i l：1187962917@qq.com

更多动物知识
尽在动画科普课堂

微信扫码观看

有毒动物图鉴
知识图鉴
展现令人惊叹的百科世界

动画科普课堂
趣味动画
探索动物的神奇秘密

意外伤害处理
图文解读
亲近动物受伤紧急处理

纪录片推荐
思维拓展
人类和有毒动物如何相处

找到了！（第1章的答案）

第1章都介绍了什么样的有毒动物呢？有些动物隐藏在所处的环境中，很难发现它们的存在吧？一起去对应着看看关于它们的详细介绍吧！

山中的有毒动物
p.6—7

❶ 虎斑颈槽蛇（→ p.30）
❷ 茶毛虫（→ p.37）
❸ 厚结猛蚁（→ p.36）

山中的有毒动物
p.8—9

❶ 鸭嘴兽（→ p.29）
❷ 细鳞太攀蛇（→ p.31）